# BEI GRIN MACHT SICH IHR WISSEN BEZAHLT

- Wir veröffentlichen Ihre Hausarbeit,
  Bachelor- und Masterarbeit

- Ihr eigenes eBook und Buch -
  weltweit in allen wichtigen Shops

- Verdienen Sie an jedem Verkauf

Jetzt bei www.GRIN.com hochladen
und kostenlos publizieren

Niels Schirrmeister

# Technologische Aspekte der Obstbrandproduktion

## Herstellung und Warenkunde von Obstbränden

GRIN Verlag

**Bibliografische Information der Deutschen Nationalbibliothek:**

Die Deutsche Bibliothek verzeichnet diese Publikation in der Deutschen National-bibliografie; detaillierte bibliografische Daten sind im Internet über http://dnb.d-nb.de/ abrufbar.



**Impressum:**

Copyright © 2011 GRIN Verlag GmbH
Druck und Bindung: Books on Demand GmbH, Norderstedt Germany
ISBN: 978-3-656-27154-3

**Dieses Buch bei GRIN:**

http://www.grin.com/de/e-book/201015/technologische-aspekte-der-obstbrandpro-duktion

# Inhaltsverzeichnis

# 1 Definition Spirituosen

Die Bezeichnung „*Spirituose*" ist auf das lateinische Wort *spiritus,* welches die Bedeutung Hauch, Atem oder Geist hat, zurückzuführen. Vom lateinischen Wort abgeleitet ist die französische Bezeichnung *spiritueux,* sie steht für geistige (alkoholische) Getränke. (Kolb, 2004) In der Umgangssprache werden Spirituosen auch als „*Schnaps*" bezeichnet, was auf die niederdeutsche Sprache zurückzuführen ist. Das Wort Schnaps weist auf kleine schnell getrunkene Schlucke und kleine Gläser hin. (Rimbach, 2010)

Nach der Spirituosenverordnung (Verordnung EG 110/2008 des Europäischen Parlaments und Rates vom 15. Januar 2008) ist der Ausdruck Spirituose in der Europäischen Union einheitlich definiert als ein alkoholisches Getränk, welches über einen Alkoholgehalt von mindestens 15 % verfügt und für den menschlichen Verzehr bestimmt ist. Eine Ausnahme ist der Eierlikör mit 14 Vol%[1]. Zudem weisen Spirituosen besondere sensorische Eigenschaften auf und werden durch die Art der Herstellung durch die Spirituosenverordnung lebensmittelrechtlich näher definiert. (Amtsblatt der Europäischen Union, 2008)

# 2 Geschichte der Spirituosenherstellung

Aufzeichnungen zufolge kannten die alten Ägypter schon Verfahren zur Herstellung von Alkohol. Allerdings wurden die so gewonnenen Extrakte ausschließlich für kosmetische Zwecke verwendet. Eine Alkoholkonzentration von über 16 Vol% konnte nicht erreicht werden, da der natürliche Gärprozess bei dieser Konzentration eigenständig abbricht. (Rimbach, 2010) Vermutlich um 1.000 vor Christus kam es zum Durchbruch bei der Herstellung von hochprozentigen Branntweinen im größeren Maßstab, in und um das Gebiet der heutigen Türkei. (Singer, 2005) Die naturwissenschaftlichen Gelehrten des Altertums (*Pilinius, Aristoteles, Galenus* u. a.) waren sich der Existenz einer brennbaren Substanz im Wein bewusst und sie waren

---

[1] **Vol%:** die Angabe des Alkoholgehaltes erfolgt in Volumenprozent (Vol%). (Bauer, 2009)

bereits in der Lage, diesen Stoff (Alkohol) durch Erhitzen zu isolieren und konzentrieren. Allerdings verstanden die Gelehrten nicht die wissenschaftlichen Hintergründe. Bisher sind noch keine Schriften aus der Antike bekannt, die ein Verfahren zur Destillation explizit beschreiben. Erst im 8. Jahrhundert verfasste *Marcus Graecus* sein Werk „*Feuerbuch*", in dem er im Anhang auf die Herstellung von aqua ardens[2] einging. Jedoch ist dies historisch nicht einwandfrei bewiesen, da das Buch nicht im Original existiert, sondern nur von Handschriften aus dem 13. Jahrhundert bekannt ist. (Kolb, 2004)

Die Herstellung von Spirituosen in Europa wurde im Mittelalter durch Alchemisten so verbessert, dass es möglich war, immer höhere Konzentrationen von Alkohol durch das Verfahren der mehrmaligen Destillation zu erzielen. (Rimbach, 2010) Der deutsche Alchemist *Albertus Magnus* (1193 bis 1280) befasste sich intensiv mit dem Verfahren der Weingeistdestillation und entwickelte Abdichtungen für Destillierapparate aus Kreide, Mehl, Mist und Eiweiß. (Kolb, 2004) Mit der Ausbreitung von Seuchen wie die Pest im 14. Jahrhundert in Europa stieg der Spirituosenkonsum in der Bevölkerung rasant an, da die Menschen auf die gemütsaufhellende und schmerzlindernde Wirkung des Alkohols in den Spirituosen setzten. Gegen Ende der großen Pestepidemie im Jahr 1352 war der Spirituosenkonsum bei Festivitäten fester kultureller Bestandteil. (Strauß, 2000) Der gewerbsmäßige Handel mit Spirituosen blühte ab dem 15. Jahrhundert, wobei die destillierten Getränke lokalcharakteristisch in Bezug auf die verwendeten Ausgangsrohstoffe waren. In Südfrankreich wurde aus Wein der Armagnac, in der Normandie wurde aus dem Apfel der Calvados und in der Gegend um Nordhausen in Deutschland wurde aus dem Korn der Kornbranntwein. In Süddeutschland existierten vor allem kleinere Obstbrennereien, die aus lokalem Obst Spirituosen erzeugten. (Rimbach, 2010)


## 3 Der Spirituosenverbrauch und -Handel

Im Jahre 2009 betrug der Pro-Kopf-Konsum von Spirituosen in Deutschland nach dem Institut für Wirtschaftsforschung 5,4 Liter Fertigware. Dieser Stand ist der

---

[2] *aqua ardens* (brennendes Wasser): Bezeichnung für Alkohol im frühen Mittelalter.

niedrigste seit dem Jahr 1976, in dem der Spirituosenkonsum seinen Höchststand seit Aufzeichnungsbeginn (1960) mit 8,4 Liter Fertigware pro Kopf erreichte. Der deutsche Fiskus[3] nahm durch die Branntweinsteuer im Jahr 2009 Euro 2,1 Milliarden Euro ein. Die Steuersätze pro 0,7-Liter-Flasche variieren nach dem Alkoholgehalt in Vol%. So wird eine 0,7-Liter-Flasche zu 15 Vol% Alkohol mit 1,37 Euro, 32 Vol% Alkohol mit 2,92 Euro und 38 Vol% Alkohol mit 3,47 Euro versteuert. (BSI, 2010)

Deutschland importiert jährlich circa 387 Millionen Flaschen (0,7 Liter) aus dem Ausland, überwiegend aus Großbritannien, Frankreich Italien und Griechenland. Der deutsche Export beläuft sich auf circa 200 Millionen Flaschen (0,7 Liter), wobei die EU-Länder Großbritannien, Niederlande, Belgien und Frankreich die größten Importeure deutscher Spirituosen sind, wie in Abbildung 1 veranschaulicht. (Rimbach, 2010)

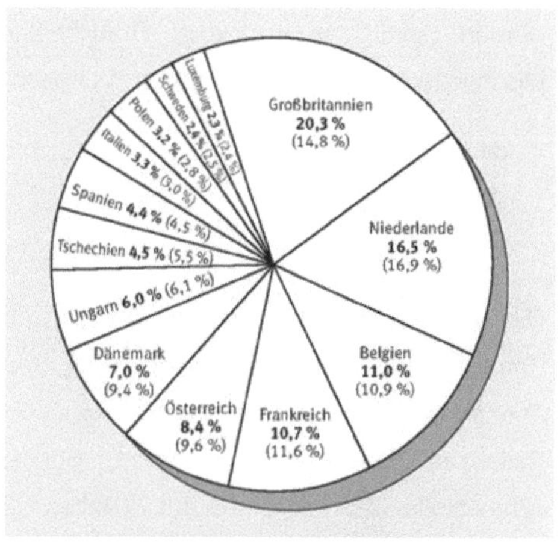


Abbildung 1: Deutsche Spirituosenexporte in die Europäische Union 2009, (BSI, 2009)

Obstbrennereien sind in Deutschland im Brennereiwesen am stärksten vertreten. Es existieren circa 30.000 Obstbrennereien, wobei diese in den Bundesländern Baden-Würtenberg, Bayern, Hessen und Rheinland-Pfalz zahlreicher vertreten sind. Zudem existieren um die 800 Korn- und Kartoffelbrennereien in Deutschland. (Rimbach, 2010)

Da Obstbrände in Deutschland einen hohen Stellenwert in der deutschen Kultur des Spirituosengenusses einnehmen, bezieht sich die nachfolgende Ausarbeitung der Spirituosenherstellung ausschließlich auf die Kategorie der Obstbrände.

---

[3] **Fiskus:** „der Staat und jede andere juristische Person des öffentlichen Rechts, soweit sie als Vermögensträger tätig wird" (Brockhaus, 2000)

# 4 Warenkunde Spirituosen

Das Wort Spirituosen ist ein Überbegriff für eine Vielzahl von alkoholischen Getränken, die sensorisch und analytisch erfassbare Unterschiede aufweisen. Die Unterschiede der einzelnen Spirituosen liegen bei den verschiedenen Lagerbedingungen, spezielle Zutaten, Herstellungs- und Destillationsverfahren und der unterschiedlichen Konzentration des Alkohols. (Frede, 2006) Im Allgemeinen werden Spirituosen in Liköre, Branntweine, Punschextrakte und alkoholhaltige Mischgetränke untergliedert. (Belitz & Grosch, 2007)

## *4.1 Branntwein*

Die Unterteilung der Branntweine erfolgt üblicherweise qualitativ in drei Klassen: *Trinkbranntweine*, *Edelbranntweine* und *Spezialbranntweine*. (Rimbach, 2010) Bei Trinkbranntweinen wird der Neutralalkohol (Primasprit) mit Wasser und eventuell mit Essenzen und Zucker vermischt. Bei Edelbränden hingegen stammen die Aromastoffe aus dem Gärgut. (Baltes, 2007) Spezialbranntweine werden in bestimmten Regionen durch spezielle Verfahren oder durch die Verwendung von speziellen Zutaten hergestellt. (Rimbach, 2010)

Nachfolgend eine weitere Unterteilung nach Frede:

> - „Destillate aus vergorenen, zuckerhaltigen Stoffen (z. B. Rum, Weinbrand, Tresterbrand, Obstbrand)
> - Destillate aus Stoffen, die Polysaccharide enthalten (z. B. Whisky, Getreidebrand, Brand aus Kartoffeln oder Topinambur)
> - Spirituosen aus Ethylalkohol landwirtschaftlichen Ursprungs aromatisiert mit verschiedenen Gewürzen, Kräutern oder Aromastoffen (z. B. Spirituosen mit Wacholder, Kümmel, Anis, Bitter, Wodka)" (Frede, 2006)

## 4.2 Liköre

Liköre müssen nach einem Urteil des Europäischen Gerichtshofes mindestens 100 g Zucker pro Liter (80 g pro Liter bei Enzianlikör, 70 g pro Liter bei Kirschlikör) und einen Alkoholgehalt von mindestens 15 Vol% enthalten. (Rimbach, 2010) Eierlikör stellt eine Ausnahme mit 14 Vol% dar. (Belitz & Grosch, 2007) Als Grundlage dient hierbei zumeist ein Kornfeindestillat, Primasprit oder diverse Edelbrände. (Rimbach, 2010) Liköre werden in folgende Likörarten unterteilt:

- Fruchtsaftliköre
- Fruchtaromaliköre
- Fruchtbrandys
- Sonstige Liköre (Belitz & Grosch, 2007)

Die verschiedenen Liköre unterscheiden sich je nach Zucker-, Sirup-, Alkohol-, Aromen- und Essenzzugabe. (Belitz & Grosch, 2007)

## 4.3 Punschextrakte

Punschextrakte sind Konzentrate, die verdünnt getrunken werden. Rumpunsche enthalten beispielsweise circa 5 % Rum und Arrakpunsch enthält circa 10 % Arrak[4] bezogen auf den Gesamtalkoholgehalt. Unüblich ist eine Aromatisierung mit künstlichen Arrak- oder Rumessenzen, Fruchtethern oder -estern. (Belitz & Grosch, 2007) In einigen Lehrbüchern werden Punschextrakte zu den alkoholhaltigen Mischgetränken gezählt. (Frede, 2006)

## 4.4 Alkoholhaltige Mischgetränke

Zu den alkoholhaltigen Mischgetränken gehören zum Beispiel die *Alkopops* oder auch *Ready-to-drink* genannte Getränke. (Frede, 2006) Alkopops sind Getränke, die

---

[4] **Arrak:** „Arrak wird unter Verwendung von Reis, Zuckerrohrmelasse oder zuckerhaltigen Pflanzensäften durch Gärung und Destillation gewonnen." (Belitz & Grosch, 2007)

durch das Mischen von Limonade mit destilliertem Alkohol, Bier oder sonstigen alkoholhaltigen Getränken hergestellt werden und einen Alkoholgehalt von circa 2,5 bis circa 7 Vol% haben. Auch jegliche Mischgetränke wie zum Beispiel Cocktails und Mixgetränke gehören zu der Gruppe der alkoholhaltigen Mischgetränke. (Belitz & Grosch, 2007)


## 5 Obstbrände

Obst eignet sich aufgrund des relativ hohen Zuckergehaltes und seiner charakteristischen Aromastoffe sehr gut, um Spirituosen jeglicher Art herzustellen. (Kolb, 2004)

Die weiteren Ausführungen orientieren sich maßgeblich an wichtigen technologischen Aspekten der Obstbrandproduktion. Zudem werden allgemeine theoretische Gesichtspunkte für ein besseres Verständnis der Obstbranderzeugung näher erläutert.

### *5.1 Definition und rechtliche Grundlagen*

Obstbrand ist die allgemein verbreitete Bezeichnung einer bestimmten Spirituose, die aus Obst nach verschiedenen Verfahrenweisen hergestellt wird. (Kolb, 2004) Heute werden Obstbrände zumeist in zwei Gruppen klassifiziert: der Obstbrand aus vergorenen Früchten, früher auch Obstwasser genannt, und der Obstbrand aus nicht oder nur angegorenen Früchten, früher auch Obstgeist genannt. (Singer, 2005) Der Obstbrand gehört zu der Spirituosengruppe der Branntweine. Um Missverständnisse mit dem Begriff Branntwein zu vermeiden, ist die frühere Bezeichnung Obstbranntwein nicht mehr anzuwenden. In der VO (EWG) Nr. 1576/89 ist die Terminologie Obstbranntwein durch Obstbrand ersetzt worden. (Kolb, 2004)

Die Ausgangssubstanz von Obstbränden ist die Maische einer Frucht. (Rimbach, 2010) Wird eine Frucht zur Herstellung eines Obstbrandes verwendet, wird zumeist der Name der Frucht und die Endsilbe „brand" oder „wasser" als Bezeichnung gewählt, zum Beispiel Kirschbrand oder Kirschwasser. (Belitz & Grosch, 2007) Werden zur Herstellung eines Obstbrandes Maischen aus mindestens zwei verschiedenen Obstsorten (zumeist Kernobst) verwendet, so wird das Destillat als Obstler bezeichnet. (Rimbach, 2010) Werden Früchte einer Sorte mit Neutralalkohol eingemaischt und anschließend destilliert, wird das Endprodukt als "-geist" bezeichnet, unter Voranstellung des Namens der verwendeten Frucht. Bei der Terminologie „Brand aus Birnen- oder Apfelwein", handelt es sich um eine Spirituose, die durch ausschließliches Destillieren von Birnen- oder Apfelwein als Ausgangsprodukt hergestellt wird. Der weltweit bekannteste Brand dieser Sorte ist der französische Calvados. Brände aus Obsttrestern gehören nicht zu den Obstbränden, sie gehören zu einer eigenständigen Kategorie. (Kolb, 2004)

Alle Obstbrände haben einen Mindestalkoholgehalt von 37,5 Vol%, wobei der maximale Alkoholgehalt bei 86 Vol% liegt. Der Zusatz von Zucker während der Vergärung der Frucht oder Früchte ist nicht erlaubt. (Klein, 2007); (Rimbach, 2010)

Der bekannteste Vertreter der Obstbrände ist der Kirschbrand oder Kirschwasser, der vorwiegend in der Region in und um den Schwarzwald erzeugt wird. Zwetschgenbrand oder auch Slibowitz, Calvados und diverse Obstler sind weitere bekannte Vertreter, die im süddeutschen Raum großen Absatz finden. (Singer, 2005)

Obstbrände werden nach *Jäger* in drei Gruppen unterteilt:

1. Kernobstbrände
2. Steinobstbrände
3. Beerenobstbrände (Jäger, 2006)


## *5.2 Vorbereitende Maßnahmen zur Obstbrandherstellung*


Für die Herstellung eines qualitativ einwandfreien Obstbrandes ist bereits die Beschaffung des richtigen Rohstoffes, das heißt das Vorhandensein der brenntechnischen Eignung von essenzieller Bedeutung. Der Rohstoff sollte sauber, reinsortig und ausgreift sein, damit er zu einem Ostbrand weiter verarbeitet werden kann. Dabei sollte im Vorfeld das Obst gründlich nach Größe, Reifegrad und eventuellen Beschädigungen oder Fäulnis sortiert werden. Die frühere Auffassung, dass vorwiegend minderwertiges Fallobst in allen Größen und vor allem beschädigt und im unreifen Zustand zur Obstbrandherstellung verwendet werden sollte, ist nicht mehr aktuell, da nur aus einem einwandfreien Rohstoff ein einwandfreier Obstbrand hergestellt werden kann. (Jäger, 2006)

Des Weiteren ist bei der Auswahl des richtigen Rohstoffs für die Obstbranderzeugung im Vorfeld zu bedenken, dass jegliche Zugabe von Zucker zwecks einer besseren Alkoholausbeute nach dem deutschen Lebensmittelrecht verboten ist. (Klein, 2007) Bezüglich der praktisch erreichbaren Alkoholausbeute eines Rohstoffes gilt die Faustregel für Destillateure, dass nur so viel Liter Destillat mit 50 Vol% erhalten werden kann, wie Zuckergehalt in Prozent in der unvergorenen Obstmaische vorhanden ist. Demzufolge sind der Reifegrad[5] und der Zuckergehalt der jeweiligen Obstsorte bei der angestrebten Alkoholausbeute von essenzieller Bedeutung. (Kolb, 2004)

Tabelle 1 zeigt die unterschiedlichen Gesamtzuckergehalte einiger Obstsorten in Prozent. Hierbei ist der Streuungsbereich der Gesamtzuckergehalte zu beachten, denn der Zuckergehalt der Obstsorten ist neben der Obstsorte von vielen anderen Faktoren wie Lage, Sonnenintensität, Klima, Feuchtigkeit und Bodenbeschaffenheit abhängig, wobei die Sonnenintensität beziehungsweise das Klima für den Zuckergehalt des Obstes am bedeutsamsten ist. (Keppel, 1998)

---

[5] Je reifer das Obst, desto mehr Zucker ist im Rohstoff enthalten. (Kolb, 2004)

**Tabelle 1:** Zuckergehalt und Alkoholgehalt unterschiedlicher Obstsorten **(Kolb, 2004)** (modifiziert)

| *Obstart* | *Gesamtzuckergehalt in %* | | *Alkoholausbeute je 100 kg Obst in Liter* | |
|---|---|---|---|---|
| | *Streuungsbereich* | *Mittelwert* | *Streuungsbereich* | *Mittelwert* |
| *Äpfel* | 6 bis 15 | 10 | 3 bis 6 | 5 |
| *Birnen* | 6 bis 14 | 9 | 3 bis 6 | 5 |
| *Kirschen* | 6 bis 18 | 11 | 4 bis 9 | 6 |
| *Aprikosen* | 4 bis 14 | 7 | 3 bis 7,5 | 4 |
| *Pflaumen* | 6 bis 15 | 8 | 4 bis 8 | 6 |
| *Himbeeren* | 4 bis 6 | 5,5 | 2,5 bis 3 | 3 |
| *Johannisbeeren rot* | 4 bis 9 | 4,5 | 2,5 bis 4,5 | 3,5 |
| *Weintrauben* | 9 bis 19 | 14 | 4 bis 10 | 8 |

Aus Tabelle 1 ist zu entnehmen, dass Steinobst zumeist einen hohen Zuckeranteil besitzt, wobei Himbeeren und Johannisbeeren einen niedrigeren Zuckeranteil aufweisen. Die nachfolgende grafische Darstellung (Abbildung 2), erstellt nach Tabelle 1, visualisiert den Zuckeranteil und die Alkoholausbeute der verschiedenen Obstsorten. In Abbildung 2 ist deutlich zu erkennen, dass Weintrauben mit circa 14 % im Mittelwert einen sehr hohen Anteil Gesamtzucker besitzen und daher als Rohstoff zur Herstellung von Spirituosen besonders gut geeignet sind.

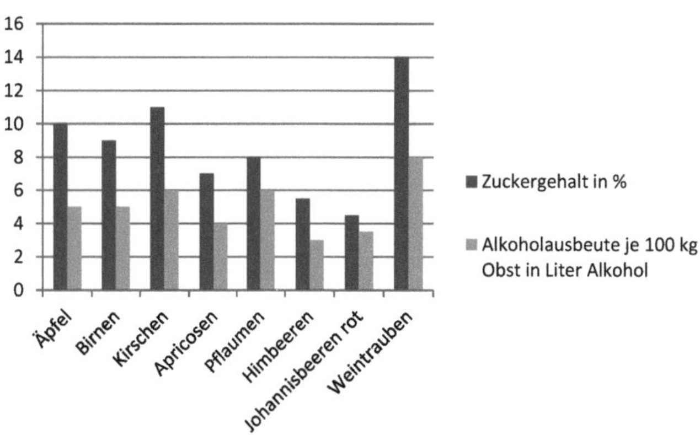


**Abbildung 2:** Mittelwerte Zuckergehalt und Alkoholausbeute **(eigene Darstellung nach Tabelle 1)**

Sofern der Rohstoff nicht sofort nach der Ernte in die Verarbeitung überführt wird, ist eine richtige Lagerung bis zur Verarbeitung des Obstes erforderlich. Das Obst sollte möglichst trocken in Hallen oder Silos und frei von Fremdgerüchen gelagert werden, da diese vom Obst angenommen werden und negative Auswirkungen auf dem Geschmack und somit auch auf das Endprodukt haben. Zudem sollte die Umgebungstemperatur 20 °C nicht überschreiten und 10 °C nicht unterschreiten. Entsprechende Hygiene- und Reinigungsmaßnahmen sind vom Personal vor der Einlagerung und während der Lagerung durchzuführen, dies betrifft vor allem die Gerätschaften und den entsprechenden Lagerort. (Frede, 2006); (Jäger, 2006)

## 5.3 Verfahrensprinzipien von Obstbränden

Für die Herstellung von Obstbränden werden je nach Region, Obstsorte und technologischen Gegebenheiten verschiedenste Verfahren angewandt. Nachfolgend die Erläuterung und Darstellung von drei Varianten zur Herstellung von Obstbränden der prinzipiellen Verfahrensführung nach *Kolb*. (Kolb, 2004)

### 5.3.1 Variante A

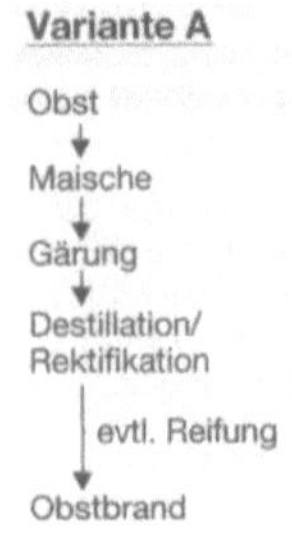


Nach der Variante A (siehe Abbildung 3) kann ein Obstbrand erzeugt werden, der ein deutliches Gärungsbukett in Verbindung mit typischen Fruchtaromastoffen aufzeigt. Nach dieser Variante wird nach der Vergärung der Obstmaische ein sogenannter Feinbrand unter Abtrennung des Vor- und Nachlaufes erzeugt. Anschließend erfolgt eine Reifung. (Kolb, 2004)

**Abbildung 3:** Verfahrensprinzip der Obstbranderzeugung, Variante A **(Kolb, 2004)**

### 5.3.2 Variante B

Bei der Variante B (siehe Abbildung 4) wird nur der beim Pressen der Obstfrüchte gewonnene Most beziehungsweise Fruchtsaft vergoren und im nächsten Schritt destilliert und rektifiziert. Der dabei anfallende und ungenutzte Trester[6] kann bei dieser Variante für die Weiterverarbeitung eines „Brand aus Obsttrestern" durch eine Vergärung des Obsttresters und anschließender Destillation und Rektifikation genutzt werden. Die speziellen Aromastoffe des jeweiligen Obstes sollten hierbei möglichst erhalten bleiben. Eine entsprechende Reifung des Produktes (je nach Obstsorte unterschiedliche Reifedauer) zur Qualitätsoptimierung ist hierbei zu empfehlen. (Kolb, 2004)

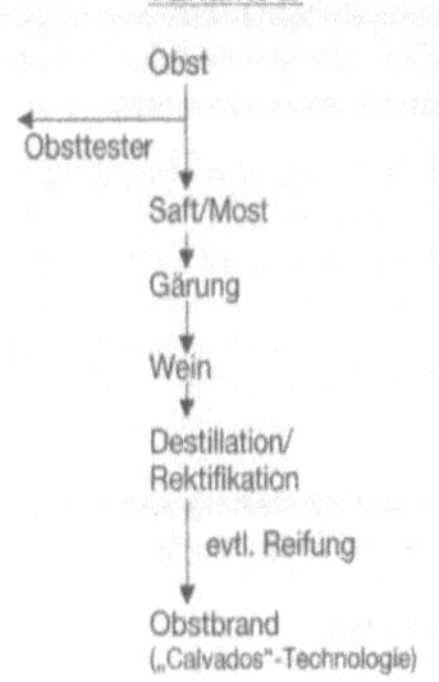


**Abbildung 4:** Verfahrensprinzip der Obstbranderzeugung, Variante B **(Kolb, 2004)**

### 5.3.3 Variante C

Variante C (siehe Abbildung 5) findet vorwiegend Anwendung bei aromatischen Früchten, deren Aromen bei der Vergärung verloren gehen oder zu wenig Zucker für eine rentable Vergärung beinhalten. Beerenfrüchte sind ein typisches Beispiel, bei dem diese Variante Anwendung findet. (Rimbach, 2010) Die frischen und unvergorenen beziehungsweise teilweise vergorenen Früchte werden als Alkohol landwirtschaftlichen Ursprungs oder auch als Neutralalkohol bezeichnet, welcher einen entsprechenden Eigengeschmack aufweist,

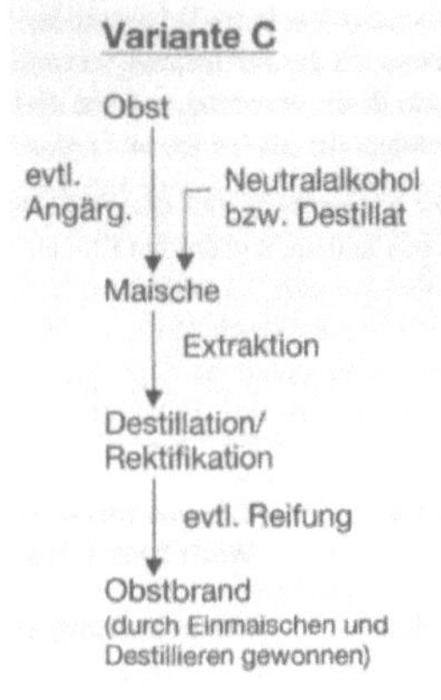


**Abbildung 5:** Verfahrensprinzip der Obstbranderzeugung, Variante C **(Kolb, 2004)**

---

[6] **Trester:** Trester sind die unlöslichen und unvergärbaren Stoffe wie zum Beispiel Kerne, Schalen, Hülsen, Steine, Stiele und Zellwände einer Obstmaische. (Bauer, 2009)

in Form einer Mazeration[7] für einige Tage extrahiert. Das Zwischenprodukt wird anschließend unter Abtrennung des Vor- und Nachlaufes destilliert und rektifiziert. Nach einer eventuell anschließenden Reifung wird die endgültige Alkoholkonzentration des Obstbrandes eingestellt, wobei durch den Anteil der vergorenen Früchte die Intensität der Gärungsbukettstoffe im Endprodukt bestimmt wird. Hierbei ist zu beachten, dass auf 20 Liter reinen Alkohol mindestens 100 Kilogramm Früchte einzusetzen sind. Obstbrände, die nach dieser Variante hergestellt werden, müssen die Zusatzbezeichnung „durch Einmaischen und Destillieren gewonnen" aufweisen. (Kolb, 2004)

Des Weiteren existieren zwei weitere Varianten nach *Kolb*, die zum einen das Ziel haben, aus sehr zuckerhaltigem Obst Neutralalkohol herzustellen und zum anderen einen Obstgeist herzustellen, bei dem die Früchte nicht vergoren werden. (Kolb, 2004)


### 5.4 Die Maische


Unter dem Begriff Maischen oder auch Einmaischen wird prinzipiell die Vorbereitung eines Rohstoffes für die Gärung verstanden. (Jäger, 2006)

Das Einmaischen eines Rohstoffes kann grundsätzlich auf zwei Wegen erfolgen. Ist der Rohstoff stärkehaltig wie zum Beispiel Getreide oder Kartoffeln, so wird bei dieser Maische Stärke in Zucker umgewandelt. Ist jedoch das Produkt zuckerhaltig, wie bei der Obstmaische, so werden die Früchte zerkleinert, um später den Zucker der Früchte in Alkohol umzuwandeln. (Pieper, 1977) Es ist zudem zwischen vergorener und unvergorener Maische zu unterscheiden. (Bauer, 2009) Die Gärung der Obstmaische wird im nächsten Kapitel näher erläutert. Im Folgenden wird der Fokus explizit auf die Obstmaische gelegt.

---

[7] **Mazeration:** Der Fachbegriff für ein Verfahren bei der Herstellung eines Obstbrandes, angewandt
    bei Früchten wie zum Beispiel Beeren, deren Aromen bei der Vergärung verloren
    gehen. Um diese Aromen herauszulösen, wird den Früchten Alkohol
    landwirtschaftlichen Ursprungs zugegeben. (Rimbach, 2010)

Bevor es zum Einmaischen eines Rohstoffes kommt, sind die vorbereitenden Maßnahmen zwingend zu beachten. Des Weiteren ist zu beachten, dass Stein- und Kernobst vorher zu entkernen ist, da sich sonst während der weiteren Verarbeitung das Glycosid *Amygdalin,* welches sich zum Großteil in den Samenkernen, insbesondere von Steinfrüchten, aber auch in geringeren Maßen in Kernobst befindet, abgebaut wird und dabei ein typischer unangenehm schmeckender Stein- oder Kerngeschmack im Endprodukt entsteht. Zudem sollten Zweigreste und Blätter entfernt werden, da diese zu einer Qualitätsbeeinträchtigung in Form von unharmonisch grasigen und herben Noten im Endprodukt führen. (Kolb, 2004) Obst, das Stielgerüst hat, sollte entrappt[8] werden. Sollten dennoch Stiele oder Kerne enthalten sein, so ist darauf zu achten, dass beim Einmaischen beziehungsweise Zerkleinern der Früchte diese nicht zerstört werden, um eine Gerbstofferhöhung (zum Beispiel beim Wein) oder andere unangenehme Aromen zu vermeiden. (Rimbach, 2010)

Bei der fachgemäßen Zerkleinerung ist auf die entsprechenden Aggregate zu achten. Es werden für Kernobst sogenannte Schabermühlen und für Stein- und Beerenobst vorzugsweise Ratzmühlen verwendet, in denen für die Herstellung von Obstbränden die jeweiligen Früchte grob zermahlen werden. (Pieper, 1977); (Jäger, 2006) Das Einmaischen des Obstes erfolgt zumeist in Kunststofffässern mit einem Tauchrand. (Jäger, 2006) Um die Maische speziell bei Kern- und Steinobst besser zu verflüssigen, werden in der Praxis oft flüssige oder in Saft gelöste pektolytische Enzyme eingesetzt, die einen zusätzlichen Verflüssigungseffekt ohne Zusatz von Wasser bewirken. (Kolb, 2004)

Unter Extrakt unvergorener Maischen wird im frisch abgepressten Saft des Obstes die Summe der gelösten Stoffe verstanden, wobei die vergärbaren Zucker den Hauptteil eines Extraktes darstellen. Daraus schlussfolgernd ergibt sich der Hinweis auf die zu erwartende Alkoholausbeute des Produktes. Bei Steinobst ist darauf zu achten, dass Sorbit einen hohen Zuckergehalt vortäuscht. Zum Extrakt zählen auch in geringen Mengen vorkommende Stickstoffverbindungen, organische Säuren, Mineralstoffe und lösliche Pektine. (Bauer, 2009)

---

[8] **Entrappen:** Abtrennen der Stielgerüste (Rimbach, 2010)

Die Angabe des Extraktes erfolgt in Gewichtsprozent (% mas). In der Praxis werden oft auch Grad Öchsle (°Oe) oder Grad Brix (°Brix) verwendet, wobei die Umrechnung 1 % mas Extrakt 1 °Brix oder 4 °Oe entspricht. (Kolb, 2004)


## 5.5 Alkoholische Gärung

Die alkoholische Gärung der Obstmaische erfolgt in Gärbottichen aus Metall mit einer korrosionsverhindernden inneren Schutzschicht. (Wüstenfeld & Haeseler, 1996); (Kolb, 2004)

Die Gärbottiche werden zu circa neun Zehntel mit Obstmaische gefüllt, sodass der Gärschaum in der Zeit der Hauptgärung aufgenommen werden kann. Luft ist hierbei fernzuhalten, da sonst unerwünschte Mikroorganismen wie Kahmhefen wachsen können. Dabei ist der Einsatz spezieller Gärspunde[9] sehr hilfreich. (Wüstenfeld & Haeseler, 1996)

Unter Verwendung von speziellen Hefen, auch Reinzuchthefen, wird die Gärung relativ rasch und zumeist auch spontan eingeleitet. Dabei erweicht das Fruchtfleisch langsam durch Plasmolyse[10], wobei der zuckerhaltige Saft der Früchte den Hefen zugänglich wird. (Wüstenfeld & Haeseler, 1996) Alle Kulturhefen, die zur Gärung verwendet werden, gehören zu der Familie der Saccharomycetaceae, die jedoch nur bis zu einem Alkoholgehalt von ca. 15 % Vol. eingesetzt werden (Singer, 2005). Die bei der Gärung entstehenden Hauptprodukte sind Alkohol, Kohlendioxid ($CO_2$) und Wärme. Zudem entstehen durch den Stoffwechsel der Hefen aus Zuckern auch Mineralstoffe, Aminosäuren und Gärungsnebenprodukte wie Ester, Acetale, Aldehyde, höhere Alkohole und Fuselöle, aber auch Fruchtaromastoffe, die für die Qualität des Obstbrandes entscheidend sind. (Jäger, 2006)

---

[9] **Gärspund:** „Ein Gärverschluss, bei dem die Gärungskohlensäure ein Eindringen von Außenluft verhindert." (Wüstenfeld & Haeseler, 1996)

[10] **Plasmolyse:** die Schrumpfung der Protoplasten einer pflanzlichen Zelle (Belitz & Grosch, 2007)

Formel 1 zeigt die vereinfachte Gleichung der alkoholischen Gärung unter anaeroben Bedingungen:[11]

$$C_6H_{12}O_6 \xrightarrow{\ Zymase\ } 2C_2H_5 - OH + 2CO_2$$

Glukose          Ethanol (Alkohol)          Kohlendioxid

**Formel 1:** Gleichung der alkoholischen Gärung **(Willmes, 2007)** (modifiziert)

Kurz kann man die alkoholische Gärung wie folgt erklären. Zymase ist ein durch Hefe gewonnenes Enzym, welches den Gärprozess einleitet. (Willmes, 2007). Die Zucker der Maische werden durch die Hefe zerlegt und die Gärungshauptprodukte Kohlendioxid, Alkohol und Wärme entstehen. (Jäger, 2006)

Die Gärung sollte bei Temperaturen von 15 bis 20 °C stattfinden. Wird die Temperatur erhöht, so beschleunigt sich auch die Gärung. Dies geschieht jedoch zulasten der Qualität. Zu niedrige Temperaturen, d. h. unterhalb von 10 °C, können die Lebenstätigkeit der Hefen beeinflussen und die Gärung zum Erliegen bringen. Der Zusatz von Schwefelsäure, Milchsäure oder Oxalsäure während der Gärung wirkt vorteilhaft auf die Qualität der Obstbrände und die Reinheit der Gärung. Die Gärung dauert zumeist um die drei Wochen. (Wüstenfeld & Haeseler, 1996); (Bauer, 2009)

Nach Gärende ist die Lagerzeit der vergorenen Maische so gering wie nur möglich zu halten. (Kolb, 2004)


### 5.6 Restzucker


Nach der Vergärung von Säften oder Maischen können im Zwischenprodukt noch unvergorene Zuckeranteile enthalten sein. Diese werden als Restzucker bezeichnet und geben Auskunft darüber, ob eine vollständige Endvergärung erreicht wurde.

---

[11] **Anaerobe Bedingung:** sauerstofffreie Umgebung bzw. Milieu. (Roche-Lexikon , 2003)

Werden Mengen von Restzucker nachgewiesen, war der Gärprozess unvollständig. Ursache hierfür kann eine Gärunterbrechung oder Inaktivierung der Hefen sein. Mittels eines Glucose-Schnelltests kann der Restzuckergehalt im Zwischenprodukt ermittelt werden. (Bauer, 2009)

## 5.7 Destillation und Rektifikation

Die bei der Obstbranderzeugung wichtigsten technologischen Schritte sind zum einen die Destillation und zum Anderen die Rektifikation.

### 5.7.1 Ziel der Destillation

Das Ziel des Verfahrens der Destillation ist, den in der vergorenen Maische enthaltenen Alkohol möglichst vollständig abzurennen und zu konzentrieren. Zudem sollten die für den Geschmack bestimmenden Aromastoffe in das Destillat überführt und qualitätsmindernde Nebenprodukte sauber abgetrennt werden. (Rimbach, 2010)

### 5.7.2 Theoretische Grundlagen der Destillation

Der Begriff Destillation stammt vom lateinischen Wort „destillare" ab und heißt übersetzt „heruntertropfen". Von diesem Begriff leitet sich auch die entsprechende zugehörige Berufsgruppe der Destillateure ab. (Jäger, 2006)

Die Destillation ist weitestgehend ein thermisches Verfahren, bei dem eine Flüssigkeit verdampft und anschließend der Dampf kondensiert wird. (Kolb, 2004) Wasser hat eine Siedetemperatur von 100 °C bei einem Atmosphärendruck von 760 mm. Reiner Alkohol hingegen hat bei demselben Atmosphärendruck eine Siedetemperatur von nur 78,3 °C. Werden somit alkoholhaltige Flüssigkeiten erhitzt, so ist die Siedetemperatur beziehungsweise der Siedepunkt mit zunehmendem Alkoholgehalt niedriger. (Wüstenfeld & Haeseler, 1996)

Physikalisch ist dies wie folgt zu erklären. Wird eine Alkohol-Wassermischung erhitzt, wird der Dampfdruck der Flüssigkeit erhöht. Die Moleküle dieses Gemisches erhöhen dabei ihre Schwingungsenergie, die in einer bestimmten Nahordnung in einem gewissen Abstand zusammengehalten werden. Ist der Dampfdruck gleich dem atmosphärischen Druck, beginnt die Alkohol-Wasser-Mischung zu sieden. Daraus geht hervor, dass eine Destillation unter Vakuum niedrigere Siedepunkte hat. (Kolb, 2004)

Eine Ausnahme stellt das Wasser-Alkoholgemisch mit 97,2 Vol% Alkohol, auch *azeotropische Mischung* genannt, dar. Bei diesem Gemisch liegt der Siedepunkt mit 97,15 °C nur knapp unter dem des reinen Alkohols. Die physikalische Eigenschaft des Alkohols, bei 78,3 °C zu sieden, nutzt man bei dem Verfahren der Destillation, um Wasser vom Alkohol durch Sieden zu trennen. Die siedenden Dämpfe (Alkoholgehalt siehe Tabelle 2) werden zur Verflüssigung einem Kühler zugeleitet, sodass sich ein Kondensat ergibt, welches einen höheren Alkoholgehalt aufweist als die Ausgangsflüssigkeit. (Wüstenfeld & Haeseler, 1996); (Kolb, 2004)

In Tabelle 2 sind die verschiedenen Siedepunkte der Flüssigkeiten mit den entsprechenden Alkoholgehalten in Prozent dargestellt und der Alkoholgehalt der dazugehörigen Dämpfe.

**Tabelle 2:** Beziehungen Alkoholgehalt in Wasser zu Siedepunkt und Alkoholgehalt der Dämpfe **(Kolb, 2004)** (modifiziert)

| Alkoholgehalt der Flüssigkeit in Vol% | Siedepunkt in °C | Alkoholgehalt der Dämpfe in Vol% |
|---|---|---|
| 5 | 95,5 | 35,8 |
| 10 | 92,6 | 51 |
| 20 | 88,3 | 66,2 |
| 30 | 85,7 | 69,3 |
| 40 | 84,1 | 72 |
| 50 | 82,8 | 75 |
| 60 | 81,7 | 78,2 |
| 70 | 80,8 | 81,9 |
| 80 | 79,9 | 86,5 |
| 90 | 79,1 | 91,8 |

Abbildung 6 veranschaulicht, dass je mehr Alkoholgehalt die Flüssigkeit in Vol% hat, der Siedepunkt niedriger und der Alkoholgehalt der Dämpfe in Vol% steigt.

Während des Verlaufs der Destillation sinkt der Alkoholgehalt der Dämpfe, die immer wasserreicher werden. Technologisch-wirtschaftlich gesehen wird die Destillation unwirtschaftlicher, je weniger Alkoholgehalt eine Flüssigkeit aufweist, da größere Mengen an Wärmezufuhr aufgewendet werden müssen. (Kolb, 2004) Zudem lässt sich ein Alkohol-Wassergemisch nie zu hundert Prozent voneinander trennen, jedoch gibt es in der Technologie verschiedenste Apparate, die den Wirkungsgrad der Trennleistung deutlich erhöhen. Verstärkerböden oder ein Kondensator (Dephlegmator) bewirken, dass das Verfahren wesentlich effektiver wird. (Jäger, 2006)

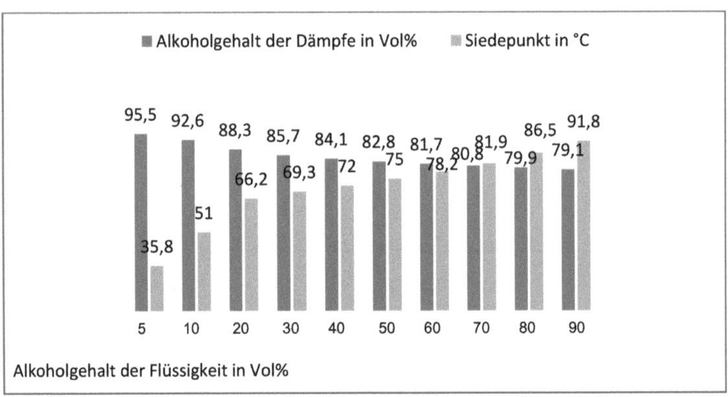


**Abbildung 6:** Grafik zu Tabelle 2 **(eigene Anfertigung nach Tabelle 2)**

### 5.7.3 Rektifikation und fraktionierte Destillation

Ferner ist in Tabelle 2 und Abbildung 3 zu erkennen, dass in einem Destilliergang auch nur eine bestimmte Alkoholkonzentration im Destillat erreichen kann. Daraus wird geschlussfolgert, dass, um eine hochprozentige Spirituose herzustellen, mehrmals destillieren muss. Dieser Vorgang wird als *Rektifikation* bezeichnet und unterscheidet sich technologisch gesehen grundsätzlich nur in der Anzahl der Vorgänge von der Destillation. Durch die Rektifikation setzt gleichzeitig ein Reinigungsprozess ein. Bei der Trennung von unreinen Nebenbestandteilen durch Rektifikation wird von einer *fraktionierten Destillation* gesprochen. (Wüstenfeld & Haeseler, 1996)


### *5.7.4 Dephlegmation*


Der Vorgang der Dephlegmation, auch als partielle Destillation bezeichnet, unterscheidet sich prinzipiell vom Vorgang der Destillation beziehungsweise Rektifikation. Der Vorgang findet in den zwischen Blase und Kühler liegenden Teilen des Destillierapparates statt, welche durch Wärmestrahlverluste einer ständigen Abkühlung unterliegen. Dabei wird der ursprüngliche Dampf durch Berührung mit den kühleren Außenwänden in ein Kondensat mit niedrigerem Alkoholgehalt, auch Lutterwasser oder Phlegma genannt, überführt. Das Lutterwasser fließt ständig zurück, um durch neue Wärme auf demselben Weg partiell verdampft zu werden. Des Weiteren wird der Dampf in einen dampfförmigen, höherprozentigen Anteil zerlegt, der in den Kühler übergeht und anschließend ein höherprozentiges Destillat ergibt. (Wüstenfeld & Haeseler, 1996); (Kolb, 2004)


Dephlegmation und Rektifikation sind demzufolge beide verstärkende technologische Verfahren der Alkoholherstellung, wobei sich beide Verfahren folgendermaßen unterscheiden. Bei der Rektifikation wird Wärme zugeführt, sodass leicht flüchtige Stoffe in Dampfform übergehen, die schwer flüchtigen Stoffe hingegen nicht. Bei der Dephlegmation hingegen wird die Wärme abgeführt, wobei die schwer flüchtigen Stoffe kondensieren, jedoch die leicht flüchtigen Stoffe eher nicht. Bei der Dephlegmation werden sogenannte Aufsätze (Dephlegmatoren) zwischen Blase und Kühler geschaltet, die mit Luft oder Wasser gekühlt werden. Beide Verfahren finden bei der Herstellung von Obstbränden Anwendung, da sie äußerst effizient sind. (Kolb, 2004); (Wüstenfeld & Haeseler, 1996)

### 5.7.5 Arten der Destillation

In der Praxis existieren zwei Verfahren der Destillation. Um wärmeempfindliche Inhaltstoffe des verwendeten Rohstoffes möglichst zu schonen und die Aromen unverändert zu halten, bedarf es beim Destillieren einer möglichst niedrigen Temperatur. Um einen charakteristisch nach der entsprechenden Frucht schmeckenden Obstbrand zu erhalten, ist somit ein spezielles Verfahren nötig, die Vakuumdestillation. (Jäger, 2006); (Wüstenfeld & Haeseler, 1996)

### 5.7.5.1 Vakuumdestillation

Bei der Vakuumdestillation erfolgt eine Trennung der Stoffe durch einen erniedrigten Druck (p < 1 bar) und bei niedrigen Temperaturen. Dies ist möglich, weil der Siedepunkt bei abnehmendem Druck auch abnimmt. (Schönbucher, 2002) Moderne, von der Außenluft abgeschlossene Apparate vermindern den Druck auf etwa 250 bis 100 mbar. (Kolb, 2004) Somit ist dieses Verfahren bestens geeignet, um hitzeempfindliche Stoffe, die in der Obstmaische enthalten sind, zu bewahren. (Jäger, 2006) Zudem können die Vakuumapparate zum Einkochen Aroma empfindlicher Fruchtsäfte beziehungsweise Maischen mit hoher Effizienz benutzt werden. Für die Likörbereitung ist diese Methode essenziell, da auch hierbei ein äußerst schonendes Verfahren notwendig ist. (Wüstenfeld & Haeseler, 1996)

Die Vakuumdestillation findet nicht nur bei der Herstellung von Spirituosen Anwendung, sie wird unter anderem bei folgenden Gegebenheiten realisiert:

- Bei der Trennung von organischen Verbindungen wie zum Beispiel Fettsäuren, die eine begrenzte thermische Stabilität haben.
- Wenn ein azeotroper Punkt[12] bei p = 1 bar vorliegt.

---

[12] **Azeotroper Punkt:** ist der Punkt eines Stoffgemisches, an dem der Siedepunkt eines Gemisches mit dem Taupunkt zusammenfällt. (Schönbucher, 2002)

- Ferner, wenn in einer Kolonne der Druckabfall sehr gering ist, zum Beispiel bei Kolonnen mit gerodeten Packungen beziehungsweise Horizontalkolonnen und Rotationskolonnen. (Schönbucher, 2002)

Bei einem Druck von 0,13 ata beziehungsweise 100 mm Quecksilber oder 133 mbar hat eine 36,2-Vol%-Alkohol-Wasser-Mischung einen Siedepunkt von 39,75 °C. Bei atmosphärischem Druck beziehungsweise Luftdruck würde dieselbe Alkohol-Wasser-Mischung erst bei einer Temperatur von circa 85 °C sieden. In modernen Anlagen ist es ohne Probleme möglich, den Druck bis circa 50 mm Quecksilber beziehungsweise 0,07 ata oder 67 mbar abzusenken, wobei dann eine 93,3-Vol%-Alkohol-Wasser-Mischung einen Siedepunkt von lediglich 21,95 °C hat. (Wüstenfeld & Haeseler, 1996)

Da nur sehr wenig Energie in Form von Wärme benötigt wird, um den Siedepunkt zu erreichen, ist diese Methode heutzutage durch den Einsatz neuerer Anlagen äußerst wirtschaftlich und effizient, wobei der Energieverbrauch, der aufgewendet werden muss, um das Vakuum zu erzeugen, mit eingerechnet werden sollte. Zumeist werden zur Erzeugung des Vakuums sogenannte Wasserringpumpen oder solche Pumpen, die im Prinzip wie Wasserstrahlpumpen arbeiten, angewandt. Jedoch bedarf das Verfahren der Vakuumdestillation im Vergleich mit herkömmlichen Verfahren größerer Sorgfalt und einer erhöhten Überwachung, da Apparaturen, die mit Unterdruck arbeiten, einer besonderen Gefahrenstufe für die Betriebssicherheit unterliegen. (Kolb, 2004)

Eine Vakuumdestillation ist nicht als technologisches Verfahren anzuwenden, wenn es darum geht, höhere Temperaturen zur Um- und Neubildung von Geschmacks- und Geruchsstoffen zu nutzen. (Kolb, 2004)

Um qualitativ sehr hochwertige Obstbrände zu erzeugen, ist dieses Verfahren aus den soeben dargestellten Gründen zu empfehlen. Für einen Obstbrand, der auf Masse erzeugt werden soll und bei dem die Qualität eher nicht im Vordergrund steht, gestaltet sich diese Methode als zu aufwendig. Bei solchen Produkten reicht es, das Verfahren der Normaldruckdestillation anzuwenden. (Jäger, 2006)

### 5.7.5.2 Normaldruckdestillation

Normale technologische Anlagen zur Obstbrandherstellung wie zum Beispiel der Kolonnenapparat (beim Kolonnenverfahren beziehungsweise kontinuierlichen Brennen) arbeiten weder mit Unterdruck noch mit Überdruck, sondern die Anlagen sind meistens beim Kühler offen. Die Steuerung solcher Anlagen erfolgt durch Kühlung oder Heizen sowie Maischedurchsatz bei kontinuierlichen Anlagen. Der Wirkungsgrad solcher Anlagen kann durch einen Dephlegmator, durch Katalysatoren oder Verstärkerböden erhöht werden. (Jäger, 2006); (Wüstenfeld & Haeseler, 1996)

### 5.7.6 Brennverfahren

Bei der Herstellung von Obstbränden werden zumeist zwei verschiedene Verfahren angewandt, die nachfolgend erläutert werden. (Kolb, 2004)

### 5.7.6.1 Raubrandverfahren oder diskontinuierliches Brennen

Das Raubrandverfahren oder diskontinuierliches Brennen findet bei der Mehrzahl der Obstbrennereien in Deutschland Anwendung. Hierbei wird die Maische portionsweise in die Brennblase gefüllt und dabei der Alkohol und vor allem die wichtigen Aromastoffe überführt. (Kolb, 2004) In diesem Verfahren wird zweimal gebrannt beziehungsweise destilliert, wobei der erste Brand Rauhbrand oder auch Rohbrand genannt wird. Dieser entfernt aus der Maische Wasser, Alkohol und fast alle leicht und schwer flüchtigen Inhaltsstoffe wie Ester, Aldehyde, Acetale, höhere Alkohole, flüchtige Säuren und Fuselöle. Der Rohbrand riecht esterig und hat eine Alkoholkonzentration von circa 25 bis 35 %. Der zweite Brand, auch Feinbrand genannt, wird durch Destillation gewonnen, wodurch dem Rohbrand die Inhaltstoffe entzogen werden. Diese verschiedenen Stoffe werden anschließend differenziert und je nach Siedepunkt im Vorlauf, Mittellauf und Nachlauf abgetrennt. (Jäger, 2006) Der *„Vorlauf"* enthält unter anderem Acetaldehyd, Methanol und niedrig siedende Ester bei niedrigen Temperaturen, der *„Hauptlauf"* besteht aus 96%igem Ethanol bei mittleren Temperaturen und der *„Nachlauf"* enthält Fuselöle, höhere Alkohole, bei hohen Temperaturen. (Baltes, 2007); (Rimbach, 2010)

Die wichtigsten Bestandteile wie die Aromastoffe und der Trinkalkohol sind im Hauptlauf („Primasprit") beziehungsweise Mittellauf enthalten. Dieser ist besonders rein und darf höchstens 0,4 mg/100 ml Fuselöl enthalten. Primasprit ist mit 96 Vol% Alkohol besonders rein und wird zur Herstellung verschiedenster Spirituosen verwendet. (Baltes, 2007) Beim Brennvorgang sinkt der Alkoholgehalt von circa 70 bis 80 % im Hauptlauf auf circa 45 bis 55 Vol% bei Kernobst und auf 50 bis 55 Vol% bei Steinobst kontinuierlich gegen Ende des Vorgangs. Aus circa 100 Liter Rauhbrand können 30 bis 35 Liter Feinbrand gewonnen werden. (Rimbach, 2010)

Der Vor- und Nachlauf wird als „Sekundarsprit" vereinigt und findet vorwiegend in der chemischen Industrie Anwendung. „Sekundarsprit" ist nicht zum Verzehr geeignet, da er noch Fuselöl und Methanol enthält. (Singer, 2005)

### 5.7.6.2 Kolonnenverfahren oder kontinuierliches Brennen

Der belgische Ingenieur Cellier-Blumenthal (1768–1840) war Erfinder und Patentanmelder der Destillationskolonne. Beim Kolonnenverfahren, einem Verfahren zur Spirituosenherstellung, das auch kontinuierliches Brennen genannt wird, werden sehr hohe Temperaturen in der Brennblase (Kupferkessel) erzeugt, die wiederum für ein zügiges Verdampfen des in der Maische enthaltenen Alkohols sorgen. An die Brennblase wird zudem eine Rektifikationskolonne angeschlossen, sodass der Alkohol aufkonzentriert und das dabei mitverdampfte Wasser kondensiert und abgeleitet wird. (Rimbach, 2010)

Beim Kolonnenverfahren erfolgt im Gegensatz zum diskontinuierlichen Brennen nur ein Brennvorgang. Dies bedeutet, dass in einem Vorgang die Inhaltsstoffe aus der Maische entfernt werden und anschließend in Vor-, Mittel- und Nachlauf getrennt wird. (Jäger, 2006) Der Vorgang wird kontinuierlich, ohne Unterbrechung der Maischezufuhr durchgeführt und ist daher besonders gut für die Massenproduktion von Spirituosen geeignet. (Kolb, 2004)

Zudem kommt es bei diesem Verfahren zu einer sehr hohen Trennleistung, da die Kolonne sehr lang ist und über viele Glockenböden verfügt. Abbildung 7 zeigt das Schema einer Kolonne mit einem Dephlegmator und die implementierten Glockenböden, welche Austauschböden sind, auf denen die Flüssigkeit verdampft. Nachteil hierbei ist, dass viele Aromastoffe mit abgetrennt werden und dies zulasten der Qualität des Endproduktes geht. (Wüstenfeld & Haeseler, 1996) Für Obstmaischen, die in der Regel sehr dickflüssig und schalenhaltig sind, werden Glockenböden eingesetzt. Für dünne Maischen werden zudem Siebböden verwendet. (Jäger, 2006) Ein Beispiel für das kontinuierliche Brennverfahren ist das *Patent-Still-Verfahren*, welches vorwiegend zur zügigen Produktion von Industriewhisky angewandt wird. (Rimbach, 2010)

Bei der Herstellung von qualitativ hochwertigen Obstbränden wird weitestgehend auf den Einsatz der kontinuierlich arbeitenden Brenngeräte verzichtet. Jedoch existieren in größeren Obstbrennereien Kolonnenapparate zur Herstellung des Rohbrandes. (Kolb, 2004)

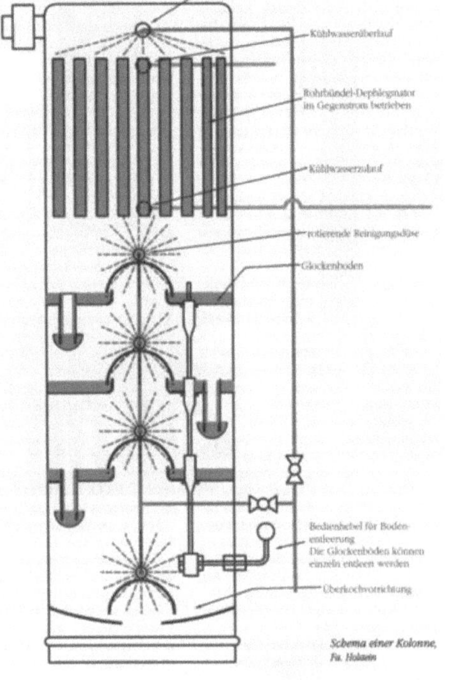


**Abbildung 7:** Schema einer Kolonne mit mehreren Glockenböden **(Jäger, 2006)**

### 5.7.7 Die Schlempe

Der Rückstand, welcher bei der Destillation entsteht, wird auch als *Schlempe* bezeichnet. Die *Schlempe* enthält je nach Rohstoffzugabe bei der Maische Wasser, schwer flüchtige Substanzen wie Fette und einige Mineralstoffe und flüchtige

Extraktstoffe. In der Schlempe nicht vorhanden sind Kohlenhydrate, da diese zuvor in Alkohol umgewandelt worden sind. Da die Entsorgung der Schlempe sehr kostenintensiv ist, sollte diese sofern möglich als Viehfutter oder Felddünger eingesetzt werden. (Wüstenfeld & Haeseler, 1996) Moderne Biogasanlagen sind heutzutage dankbare Abnehmer, da sie die Schlempe durch spezielle technologische Verfahren zur Herstellung von Biogas nutzen. (Kaltschmitt, 2009)

### 5.8 Reifung beziehungsweise Lagerung von Obstbränden

Frisch gebrannte Obstbrände riechen und schmecken zum Teil sehr scharf, unrund, unreif, stechend, d. h. einfach atypisch für den zuvor verwendeten Ausgangsrohstoff. Eine Lagerung des Obstbrandes ist notwendig, damit eine Ausreifung, Abrundung Egalisierung der Inhaltsstoffe erfolgen kann, wobei die störenden Gerüche und Geschmäcke verfliegen. (Jäger, 2006)

Die Reifung beziehungsweise Lagerung von Obstbränden erfolgt im Gegensatz zu Spirituosen wie Weinbrand und Whisky in Edelstahl-, Glas- oder glasierten Steingutbehältern in einem Zeitraum von circa einem Jahr. (Rimbach, 2010) Je nach verwendetem Rohstoff bestehen unterschiedliche Lagerzeiten. Erdbeerbrand oder Williams-Birnenbrand haben eher kurze Lagerzeiten, wogegen Apfelbrände oder Vogelbrände eher lange Lagerzeiten haben. Jedoch sollte die Mindestlagerzeit frischer Obstbrände von mindestens zwei Monaten strikt eingehalten werden, um eine Aromenbildung zu erhalten. (Jäger, 2006); (Bauer, 2009) Möchte man spezielle Aromen wie Vanille, Zeder oder Leder in das Produkt einbinden, so kann eine Lagerung in Holzfässern erfolgen, wobei zu beachten ist, dass sich das Produkt dabei dunkel verfärbt. Diese Methode des Lagerns ist bei Obstbränden untypisch, da die speziellen und sensiblen Aromastoffe des verwendeten Rohstoffes zumeist von den Eichenfassaromen überlagert werden. (Bauer, 2009)

Die Lagertemperatur sollte 10 °C nicht unterschreiten, da sonst die Aromabildung gehemmt wird. Die geeignete Lagertemperatur liegt bei circa 20 °C. Die Lagergefäße sollten nur zu circa zwei Drittel gefüllt werden und in Abständen von circa zwei

Wochen sollte dem Obstbrand durch Schütteln neuer Sauerstoff zugeführt werden, sodass die Reifung optimal verlaufen kann. (Jäger, 2006)

# 6 Literaturverzeichnis

Amtsblatt der Europäischen Union. (13. 02 2008). Abgerufen am 07. 04 2011 von
http://eur-
lex.europa.eu/LexUriServ/LexUriServ.do?uri=OJ:L:2008:039:0016:0054:DE:PDF

Baltes, W. (2007). *Lebensmittelchemie* (Bd. 6. Auflage). BErlin: Springer Verlag
Berlin Heidelberg New York.

Bauer, C. (2009). *Spirituosenanalytik* (Bd. 1. Auflage). Hamburg: Behr´s Verlag.

Belitz, H.-B., & Grosch, W. (2007). *Lehrbuch der Lebensmittelchemie* (Bd. 6.
Auflage). Berlin-Heidelberg: Springer Verlag.

Brockhaus. (2000). *Der Brockhaus in einem Band.* Leipzig: F.A. Brockhaus GmbH.

BSI. (2009). *Bundesverband der Deutschen Spirituosen-Industrie und - Importeure e.
V.* Abgerufen am 1. 6 2011 von http://www.bsi-bonn.de/pressebereich/statistiken-
und-analysen/statistiken/anteile-der-exporte-deutscher-spirituosen-in-die-eu

BSI. (2010). *Bundesverband der Deutschen Spirituosen-Industrie und - Importeure e.
V.* Abgerufen am 1. 6 2011 von http://www.bsi-bonn.de/pressebereich/statistiken-
und-analysen/statistiken/pro-kop-verbrauch-an-sprituosen-und-verbraucherausgaben

Frede, W. (2006). *Taschenbuch für Lebensmittelchemiker: Lebensmittel -
Bedarfsgegenstände, Kosmetika, Futtermittel* (Bd. 2. Auflage). Berlin-Heidelberg:
Springer Verlag.

Gilsenbach, H. (2008). *Bäume* (Bd. 31). Nürnberg: Wissen Tessloff.

Jäger, P. (2006). *Das Handbuch der Edelbranntweine, Schnäpse, Liköre.* Graz:
Leopold Stocker Verlag.

Kaltschmitt, M. (2009). *Energie aus Biomasse: Grundlagen, Techniken und
Verfahren* (Bd. 2. Auflage). Hamburg: Springer Verlag.

Keppel, H. (1998). *Obstanbau.* Graz: Leopold Stocker Verlag.

Klein, G. (2007). *Textsammlung Lebensmittelrecht.* Hamburg: Behr´s Verlag.

Kolb, E. (2004). *Spirituosen Technologie* (Bd. 6. Auflage). (E. Kolb, Hrsg.) Berlin-
Hamburg: B. Behr´s Verlag GmbH & Co. KG.

Küster, H. (1999). *Geschichte der Landschaft in Mitteleuropa: von der Eiszeit bis zur
Gegenwart.*
München: C.H. Beck´sche Verlagsbuchhandlung (Oscar Beck).

Pieper, H. J. (1977). *Technologie der Obstbrennerei. Biotechnologie, Praxis,
Betriebskontrolle.* Stuttgart: Eugen Ulmer Verlag.

Rimbach, G. (2010). *Lebensmittel-Warenkunde für Einsteiger.* Berlin-Heidelberg: Springer Verlag.

Roche-Lexikon . (2003). *Roche Lexikon Medizin.* München: Urban & Fischer Verlag München - Jena.

Schönbucher, A. (2002). *Thermische Verfahrenstechnik: Grundlagen und Berechnungsmethoden für Ausrüstungen und Prozesse.* Berlin, Heidelberg, New York: Springer Verlag.

Singer. (2005). *Alkohol und Alkoholfolgekrankheiten Grundlagen - Diagnostik - Therapie.* (S. Teyssen, Hrsg.) Heidelberg: Springer Medizin Verlag Heidelberg.

Singer, M. (2005). *Alkohol und Alkoholfogekrankheiten* (Bd. 2. Auflage). Berlin-Heidelberg.

Strauß, K. (2000). *Giftgeil, ein Sachbuch.* Eckernförde: Libri Books on Demand.

Willmes, A. (2007). *Taschenbuch chemische Substanzen.* Frankfurt am Main: Wissenschaftlicher Verlag Harri Deutsch.

Wüstenfeld, H., & Haeseler, G. (1996). *Trinkbranntweine und Liköre; Herstellung, Untersuchung und Beschaffenheit* (Bd. 5. unveränderte Auflage). Berlin - Wien: Blackwell Wissenschafts- Verlag.

# 7 Abbildungen

# 8 Formeln



# 9 Tabellen